Impacto del Turismo sobre la Abundancia y Diversidad de La Meiofauna Bentónica en Playa Venao

Euribiades Huertas

Bibliographic information published by the German National Library:

The German National Library lists this publication in the National Bibliography; detailed bibliographic data are available on the Internet at http://dnb.dnb.de.

ISBN: 9783346684998
This book is also available as an ebook.

Universidad de Panamá

Centro Regional Universitario de Azuero

Facultad de Ciencias Naturales Exactas y Tecnología

Escuela de Biología

Licenciatura en Biología con Orientación en Biología Ambiental

IMPACTO DEL TURISMO SOBRE LA ABUNDANCIA Y DIVERSIDAD DE LA MEIOFAUNA BENTÓNICA EN PLAYA VENAO

Euribiades Alexis Huertas Madrid

Trabajo de Graduación para optar
por el título de Licenciado en
Biología con orientación en
Biología Ambiental

2020

Índice

Dedicatoria

Dedico este trabajo, principalmente a mis familiares, en especial a mis abuelos maternos Euribiades Madrid y Mercedes Cano por apoyarme desde la distancia para darme todas las facilidades de estudio durante estos cinco años, a mi madre Carmen Madrid por aconsejarme y regañarme todos los días con la intensión de hacerme una mejor persona.

A mis profesores, todos y cada una de ellos jugaron un papel importante en mi formación profesional. En especial al profesor Italo Goti, por estar siempre que necesité su ayuda y consejos durante este trabajo, siempre estuvo atento, hasta el día de hoy es el mejor profesor que he conocido en toda mi vida como estudiante. Al director de nuestro prestigioso Centro Regional Universitario de Azuero Leonardo Enrique Collado Trejos por brindarme la oportunidad de participar en cursos internacionalmente y así poder adquirir nuevos conocimientos.

A mis compañeros y amigos de la universidad, en especial a José Barría y Virgilio Villaláz, por estar presentes en rodos los trabajos y tareas, por compartir sus conocimientos conmigo y yo con ustedes.

A todos los ya mencionados, les dedico cada gota de sangre, sudor y lágrimas depositados en este trabajo.

Les quiere

Euribiades Alexis Huertas Madrid

Agradecimientos

Agradezco a mi familia por haberme dado los consejos, la fuerza y el entusiasmo para salir adelante. A mi profesor asesor por estar disponible siempre que lo necesitaba.

A mis compañeros por haberme ayudado y a todos los que de alguna u otra forma colaboraron en mi carrera de licenciatura.

Mil gracias, siempre los recordaré.

Euribiades Alexis Huertas Madrid

RESUMEN

Se determinó el impacto del turismo sobre la meiofauna bentónica en la zona intermareal de playa Venao, mediante la evaluación de la abundancia y diversidad de estos organismos en dicha zona. Se realizó un muestreo en cinco estaciones, situadas a lo largo de la playa; para la recolección de las muestras se utilizó un nucleador de 0,025 m de diámetro interno, se introdujo a una profundidad de 0,05 m. Se recolectaron 3 608 organismos representados en un total de 13 taxones. Los grupos dominantes estuvieron representados por los Nematodos con 90,63 %, seguidos por Poliquetos con 5,93 %, por último, los platelmintos, 1,00 %, que en conjunto representan el 97,56 % de los especímenes colectados en todo el período de muestreo. No se observó diferencia significativa entre las estaciones. A pesar que el índice de Shannon-Wiener y la prueba t de Hutcheson indican que no existe diferencia de diversidad entre períodos con y sin turistas, ni de la abundancia, las curvas de rarefacción, la rutina ANOSIM y el análisis multidimensional no métrico muestran una clara diferencia entre ambos períodos, la cual se presenta por la mayor abundancia de poliquetos, ganthostomulidos y copépodos en período con turistas y la presencia de isópodos, anfípodos y foraminíferos en período sin turistas.

INTRODUCCIÓN

La playa es un depósito de sedimentos no consolidados que varían entre arena y grava, excluido el fango, si no es un plano aluvial o costa de manglar, que se extiende desde la base de la duna o el límite donde termina la vegetación, hasta una profundidad por donde los sedimentos no son removidos por el efecto hidrodinámico (Suárez de Vivero, 1999).

Las playas son una parte importante de la vida a nivel mundial, en especial la región de Azuero. Además de la amplia gama de oportunidades recreativas que ellas ofrecen, las playas proveen hábitats singulares para una variedad de plantas y animales y es la base del sustento para las comunidades costeras (Klein *et al.*, 2004).

Entre las acciones humanas más dañinas para las playas y océanos, encontramos el vertimiento de aguas residuales y el uso de materiales no biodegradables, cuyo tiempo de degradación es muy largo, como el plástico. Esto sucede al priorizar la comodidad por encima de la protección del medio ambiente (Barrios, 2019).

Los organismos marino costeros que viven relacionados con el sustrato, ya sean enterrados, o sobre él, que se desplazan, o habitan en sus inmediaciones, conforman el bentos marino. Aquellos que habitan enterrados en el sedimento, se les conoce como miembros de la infauna y por otro lado, los que habitan sobre el sustrato corresponde a la epifauna, dentro del grupo anterior encontramos al meiobentos que son organismos con un tamaño entre 0,5 y 0,062 mm y el macrobentos, que miden más de 0,5 mm (Carrasco, 2004).

La comunidad bentónica es muy importante en los ecosistemas marinos, ya que ayuda en el proceso de reciclaje de nutrientes y carbono, está íntimamente relacionada con la red alimentaria pelágica, influye en la estabilidad del sedimento y la turbidez de la columna de agua (Cortés-Useche & Mendoza, 2012). Zapperi (2015) observó que el bentos contribuye a la remineralización de la materia orgánica y a la recuperación de los nutrientes en la columna de agua.

En cuanto a estudios realizados en Panamá podemos mencionar la investigación de Mendieta (2013) que determinó la variación espacial del meiobentos sometido a procesos de erosión durante período lluvioso e inicios del seco, en la playa arenosa Los Guayaberos, ubicada en la provincia de Los Santos, mientras que Cruz (2014) evaluó la composición, distribución y abundancia de la meiofauna, en la misma playa, durante la época seca. Por otro lado, Guevara (2013) y Vargas (2014) efectuaron lo propio en la playa El Rompío, la cual está sometida a procesos de acreción. Ninguno de estos estudios ha relacionado la abundancia de meiobentos con la actividad turística en las playas de uso recreativo.

En Panamá existe la importancia de realizar investigaciones en donde se relacione la actividad turística con la abundancia y diversidad de la meiofauna bentónica en las playas de uso recreativo, debido a que no se han publicado investigaciones referentes al tema.

Objetivos

Objetivo general

- Determinar el impacto del turismo sobre la meiofauna en la zona intermareal de playa Venao.

Objetivos específicos

- Evaluar la abundancia y diversidad de la meiofauna en la zona intermareal de playa Venao

- Demostrar si existe diferencia entre los días que se usa la playa para actividades recreativas (domingos) y los días que no hay actividad turística (jueves).

ANTECEDENTES

Los organismos, miembros de la meiofauna que se pueden encontrar en el sustrato están representados por los Placozoos, Ganthostomulidos, Gastrotricos, Quinorrincos, algunos Loricíferos, Nematodos, Poliquetos (pequeños), Sipuncúlidos y larvas de; Nematodos, Artrópodos, Moluscos, Hemicordados y Peces (Veiga, 2008).

En Chile se describió la distribución de taxa de la meiofauna con relación a variables sedimentarias en substratos blandos submareales de la norpatagonia. Así, la abundancia de Copepoda se correlacionó con Ostracoda ($r = 0,68$), Polychaeta ($r = 0,72$) y Nematoda ($r = 0,68$), mientras que la abundancia de Polychaeta y Nematoda también se correlacionó positivamente ($r = 0,55$). Stead *et al.* (2011) sugieren un origen de la materia orgánica, con la cual convive el meiobentos, proveniente del fitodetritus (Stead *et al.*, 2011).

En Ecuador fue estudiada la meiofauna intermareal de la playa arenosa de San Pedro de Manglar Alto, mensualmente desde julio de 2000 a junio de 2001, en donde se encontró que la meiofauna estuvo representada en su mayor parte por el Phylum Nematoda, cuya composición fue mayor al 81 % de la densidad total a lo largo del año (Yánez Suárez, 2015).

Cuadro 1. Actividades antropogénicas que generan impactos ambientales en las playas Turísticas (A: alto, B: bajo, M: medio) (modificado de García, 2016)

Variables			Actividades				
Medio	Componente	Factores ambientales	Remoción de arena superficial	Deportes acuáticos	Caminatas por la orilla	Voley playa	Fútbol playa
Físico	Zona intermareal	Penetrabilidad	M	B	B	A	B
		Estructura del suelo	B	M	M	M	A
		Abrasividad	M	B	A	M	M
Biológico	Meiobentos	Poliquetos	B	A	A	B	B
		Gastrópodos	B	B	B	B	M
		Bivalvos	B	M	M	M	M
		Fauna mareal	B	M	M	M	M
		Densidad de especies	M	M	B	B	B
		Población	M	B	M	B	B
	Paisaje	Pérdida de paisaje	A	A	A	M	M
		Fauna	M	B	A	M	B

En Colombia se evaluó la comunidad macrobentónica de algunas playas arenosas en cuatro sitios de muestreo: 1 y 2. Isla Tesoro e Isla Rosario (playas intangibles); 3 y 4. Playa Blanca y playita de Cholón (playas de uso recreativo), los resultados evidenciaron que las playas de mayor uso (Playa Blanca y Playita de Cholón) tienen mayores abundancias en contraste con las playas intangibles (Isla Tesoro e Isla Rosario), y evidenciaron que el aumento del uso de las playas desde el punto de vista turístico y de recreo supone una fuerte presión física para la macrofauna bentónica. Se encontraron en total 1 428 organismos pertenecientes a 14 taxones diferentes, agrupados en 5 Phylum, Nemertea, Annelida, Sipuncula, Nematoda y Arthropoda. Los nemátodos fueron el grupo dominante, aunque los poliquetos también se encontraron bien representados (Cortés-Useche & Mendoza, 2012).

En Costa Rica se evaluó, desde febrero de 1984 a febrero de 1985, los cambios estructurales de la comunidad béntica en una zona fangosa (30 % limo + arcilla) de la zona de entre-mareas en el Golfo de Nicoya. Se recolectó un total de 92 especies de invertebrados y al pez góbido *Gobionellus sagitulla*. La comunidad fue dominada numéricamente por organismos que se alimentan directamente del sedimento. El ostrácodo *Cyprideis pacífica* y un cumáceo (Bodotriinae) no descrito hasta ese momento, fueron los organismos más comunes, que representan 43,4 % de la abundancia total. Los poliquetos *Mediomastus californiensis*, *Paraprionospio pinnata* y *Lumbrineris tetraura* representaron 19,2 % y un gusano plano (Turbellaria) no identificado, representó el 8.3 % del total de individuos (Vargas, 1987).

Solo se ha encontrado información dirigida hacia factores climáticos y procesos naturales como la composición, distribución, abundancia, variación espacio-temporal, proceso de acreción durante la época seca y lluviosa, procesos de erosión, etc. Más no de efectos antropogénicos en general como lo son las caminatas por la orilla, los deportes acuáticos, las cabalgatas, la conducción de vehículos motorizados sobre la arena en marea baja, entre otras actividades.

En cuanto a estudios realizados en Panamá podemos mencionar la investigación de Cruz (2014) en donde se determinó la composición, distribución y abundancia de la meiofauna en la playa arenosa Los Guayaberos, ubicada en la provincia de Los Santos. Los grupos taxonómicos dominantes fueron los nemátodos con un total de 7 366 individuos representando el 59,67 % seguido tenemos a los Ganthostomulidos con 3 541 individuos es decir el 28,68 % y un tercer grupo en dominancia fueron los copépodos con 460 individuos 3,72 %. La zona más diversa fue a 350 m del muro o muelle (H' = 1,286) y el mes con mayor diversidad fue abril (H' = 1,397).

En la playa El Rompío se efectuó un estudio con el propósito de determinar la abundancia de meiobentos bajo proceso de acreción durante las épocas lluviosa y seca; los Nematodos representaron el 49,24 % de las colectas y constituyen el grupo de mayor abundancia. La densidad máxima de especímenes se registró en el mes de febrero de 2013 con 2,83 ind/10 cm², y no se encontró variación temporal de la abundancia de organismos meiobentónicos en el período lluvioso y seco, no obstante este último obtuvo el mayor número de individuos (Guevara, 2013). En la misma playa Vargas (2014) estudió la variación espacio-temporal de la composición del meiobentos en donde identificó 7 974 individuos, distribuidos en 20 grupos taxonómicos; los grupos taxonómicos dominantes durante todo el estudio fueron los nematodos con un total de 4 456 individuos (55,95 %), los copépodos con 16,12 % y los Ganthostomulidos que estuvieron representados por 12,01 %.

En la playa Los Guayaberos Mendieta (2013) estudió la diversidad de meiobentos sometidos a procesos de erosión. Se recolectó un total de 11 taxones que registraron 769 organismos. Los grupos dominantes estuvieron representados por los Nematodo con 560 organismos capturados (72,82 %), seguidos por Leptosilonema con 7,28 % y por último los Ostracoda con 5,85 % que en conjunto representan el 85,95 % de los especímenes colectados en todo el periodo de muestreo.

La abundancia y diversidad de la meiofauna no se ha estudiado con respecto a las actividades más comunes desarrollada por los turistas en las playas como: caminatas por la orilla, deportes acuáticos, remoción de arena superficial y deportes como voley y fútbol (García, 2016). Según Margalef (1983) la abundancia de meiobentos es baja en las playas contaminadas debido a la eliminación de las especies menos resistentes. Debido a que playa Venao es un punto turístico muy importante, este estudio trata de relacionar el impacto que tiene el turismo en esta playa sobre la abundancia de la meiofauna bentónica

MATERIAL Y MÉTODOS

Área de estudio

El estudio se llevó a cabo en Playa Venao (Los Santos) a una distancia de 360 Km desde la ciudad de Panamá, localizada en 588279.59 m E - 821732.51 m N. Esta playa es caracterizada por el desarrollo de actividad turística.

Metodología

Se identificaron cinco estaciones, situadas a lo largo de la zona intermareal, cuyas respectivas coordenadas son:

Estación 1	587725.27 m E - 821383.42 m N
Estación 2	588361.68 m E - 821606.16 m N
Estación 3	588979.89 m E - 821540.46 m N
Estación 4	589420.28 m E - 821379.33 m N
Estación 5	589722.37 m E - 821032.09 m N

Para la recolección de las muestras se utilizó un nucleador de 0,025 m de diámetro interno y se introdujo a una profundidad de 0,05 m, dichas muestras se almacenaron en recipientes herméticos debidamente rotulados. Los organismos se conservaron en formalina al 7 %, coloreados con Rosa se Bengala debido a que son organismos translucidos (que la luz pasa a través de ellos y por lo tanto son difíciles de observar bajo el microscopio) y fueron guardados en frascos con tapas herméticamente cerrados. Este método de colecta fue modificado de (Vargas 1987). Después los organismos fueron lavados en un tamiz de 65 μm para remover la mayor cantidad de arena y formalina posible, luego se preservaron con alcohol al 70 %, los organismos fueron observados en un microscopio a un aumento de 40x. y se identifican mediante guías y claves no publicadas.

Las muestras se colectaron durante tres meses, en marea baja de sicigia. Se tomaron dos muestras por mes, con su respectiva repetición en cada estación, una el día jueves antes de que lleguen las personas a la playa (ya que la playa permanece desalojada los días lunes, martes, miércoles, y jueves) y otra el día domingo cuando las personas hayan desalojado la playa para poder comparar si hay diferencia en cuanto a abundancia y composición de taxa se refiere entre los dos períodos.

Análisis estadístico

Se calculó el índice de diversidad de Shanon-Wienner para cada una de las cinco estaciones. Además se calculó el índice de equidad de Pielou, para determinar que tan equitativamente están distribuidos están los taxa en la playa. Al mismo tiempo se determinó si existe diferencia significativa en los índices de diversidad entre estaciones y entre períodos mediante la prueba t de Hutcheson. Se utilizó el paquete estadístico PAST 4.03.

Se realizó el análisis SHE de las cinco estaciones para confirmar cual zona es más diversa entre las cinco. Se utilizó el paquete estadístico BioDiversity Pro. La rutina ANOSIM se utilizó para determinar si hay Similaridad del Meiobentos entre ambos períodos, apoyado con Análisis Multidimensional no Métrico, para determinar si hay diferencias, con el paquete estadístico PAST 4.03.

Se realizaron las curvas de rarefacción para ambos períodos con el paquete estadístico BioDiversity Pro. Se determinó la diferencia de la abundancia entre las cinco estaciones mediante la prueba de Kruskall – Wallis y la semejanza de meiobentos entre estaciones mediante el análisis de conglomerados con el paquete estadístico BioEstat 5.3.

Se calculó si existe diferencia de la abundancia de meiobentos entre el periodo sin turistas (jueves) y con turistas (domingo) mediante la prueba U de Mann-Whitney con el paquete estadístico BioEstat 5.3.

RESULTADOS

Abundancia de Meiobentos

Se recolectaron 3 608 organismos un total de 13 taxa registradas. Los grupos dominantes estuvieron representados por los Nematodos con 3 270 organismos capturados (90,63 %), seguidos por Poliquetos con 5,93 % y por último los platelmintos con 1,00 %, que en conjunto representan el 97,56 % de los especímenes colectados en todo el período de muestreo (Fig. 3 y Fig. 4).

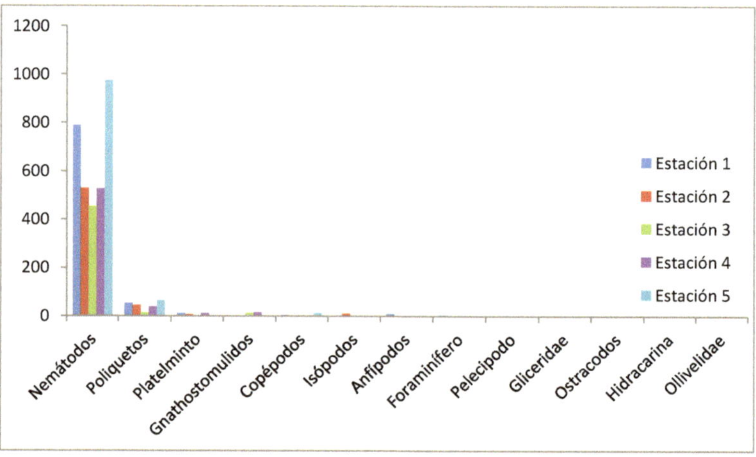

Figura 1. Jerarquía de los diferentes taxones en cada una de las cinco estaciones de muestreo.

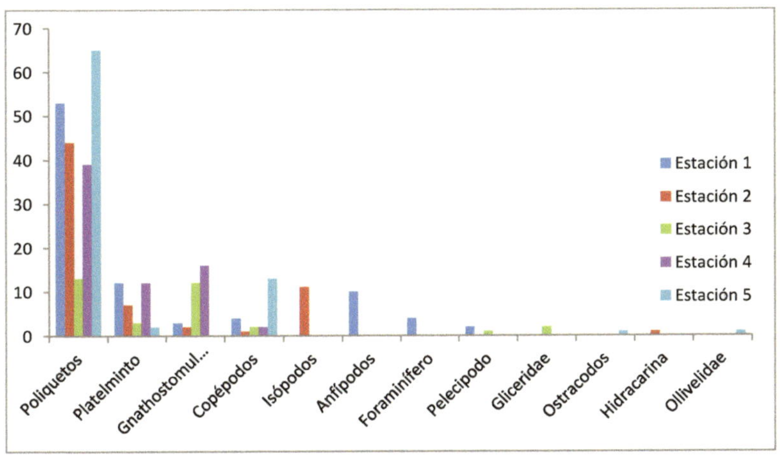

Figura 2. Jerarquía de los diferentes taxones en cada una de las cinco estaciones de muestreo (se eliminó a los nematodos para ver mejor a los demás taxones).

Diversidad y similaridad entre estaciones de muestreo

En la estación cuatro se encontró una diversidad, de acuerdo al Índice de Shannon-Wiener, de H'= 0.48), la cual resultó ser el valor máximo obtenido en el presente estudio, en la estación cinco la diversidad fue la más baja (H' = 0.32). Estadísticamente, mediante la prueba t de Hutcheson, se corroboró la diferencia de diversidad entre la estación cinco y cuatro (t_{cal}= 3.14), cinco y uno (t_{cal} = 2.85 y cinco y dos (t_{cal} = 2.75). Por otro lado, en la estación cuatro los taxones están más distribuidos equitativamente (e = 0.32) y en la estación uno están menos distribuidos equitativamente (e = 0.19), de acuerdo al índice de equidad de Pielou.

El análisis SHE indica que, tomado en consideración el índice de diversidad de Shannon-Wienner y la equidad de Pielou, la diversidad en la estación cinco es mayor. Precisamente esta es la razón por la cual esta estación es diferente a las estaciones antes indicadas (Figura 5).

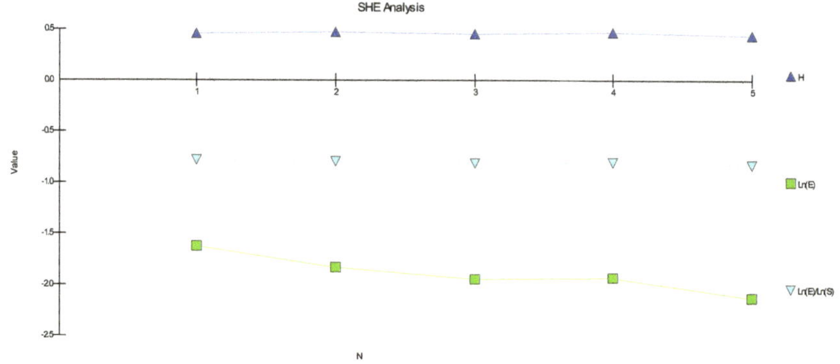

Figura 3. Análisis SHE de las cinco estaciones de muestreo

Se construyó un diagrama de conglomerado con los datos de la abundancia de todos los grupos colectados en el meoibentos y se mostró agrupaciones de las estaciones claramente distinguibles de acuerdo a la semejanza entre estas; las estaciones dos y cuatro, tres y cinco difieren de la estación uno (Fig. 6).

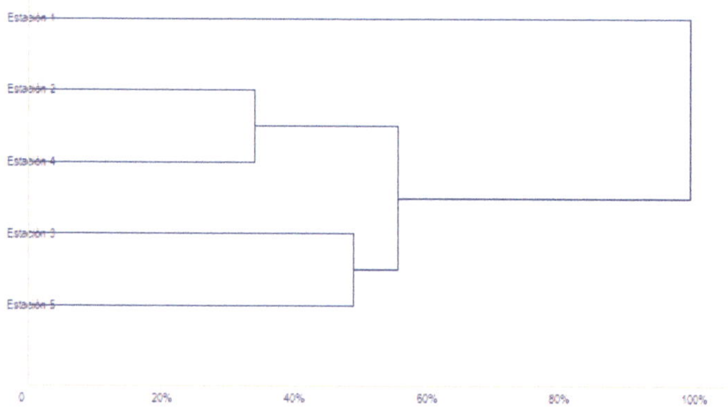

Figura 4. Análisis de conglomerados entre el meiobentos de las estaciones de muestreo.

Abundancia de meiobentos en presencia y ausencia de turistas

Tanto en el período con turistas como en el período sin turistas los nematodos dominaron la abundancia, pero hubo otros grupos como los poliquetos que se presentaron mayormente en presencia de turistas (Figura 7). La prueba U de Mann-Whitney indica que, durante el tiempo de muestreo de este estudio, no se observaron diferencias en la abundancia de los organismos (U = 78.00; p>0.05) entre periodos.

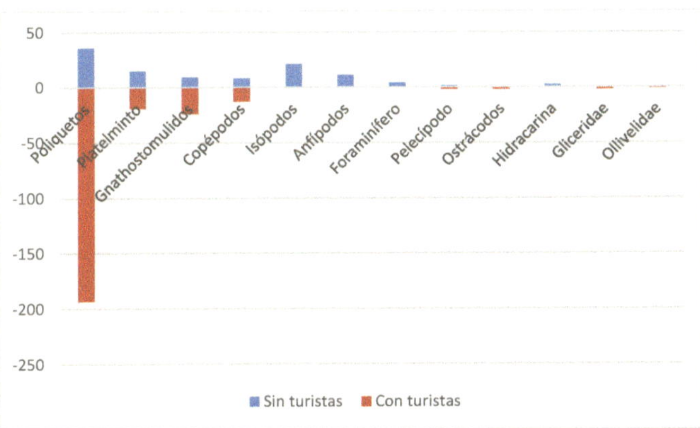

Figura 5. Abundancia de Meiobentos con presencia (azul) y ausencia (rojo) de turistas en playa Venao, excluidos los Nemátodos.

Diversidad y similaridad entre periodos de muestreo

En este estudio el periodo con mayor diversidad fue el periodo sin turistas (H'= 0.45), el periodo con turistas presentó una diversidad semejante (H'= 0.43). La prueba de Hutcheson indica que no hay diferencia con respecto a los índices de diversidad entre ambos periodos (t_{cal} = 0.42 p > 0,05).

Pero por otro lado, los taxones están más distribuidos equitativamente en el periodo con turistas (e = 0.17) que en periodo sin turistas (e = 0.15) de acuerdo al índice de equitatividad o equidad de Pielou.

La curva de rarefacción indica que ambos periodos alcanzan la asíntota, esto quiere decir que se tuvo un buen muestreo de acuerdo al número de taxones identificados. Al mismo tiempo se observa un leve aumento de la diversidad en el periodo sin turistas con respecto al periodo en presencia de turistas de acuerdo a esta secuencia (Fig. 8)

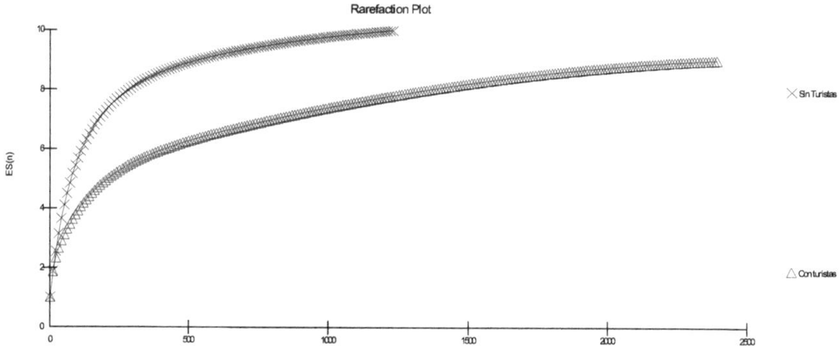

Figura 6. Curva de rarefacción entre ambos periodos.

La gráfica de caja y bigotes, producto de la rutina ANOSIM, mediante el índice de similaridad de Bray Curtis, indica que los grupos difieren en la composición de la comunidad (R = 0.40) de acuerdo con Clarke (1993) (Fig. 9)

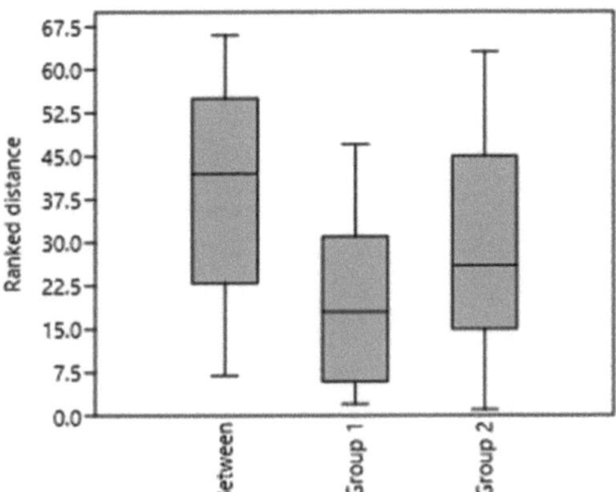

Figura 7. Análisis de similaridad o rutina ANOSIM entre el grupo uno (sin turistas) y el grupo dos (con turistas).

El análisis multidimensional no métrico, mediante el índice Bray-Crutis, confirma el resultado obtenido por el ANOSIM, al mostrar dos grupos claramente definidos, durante ambos periodos y su respectiva proximidad mediante polígonos de convergencias, roja (sin turistas) y azul (con turistas).

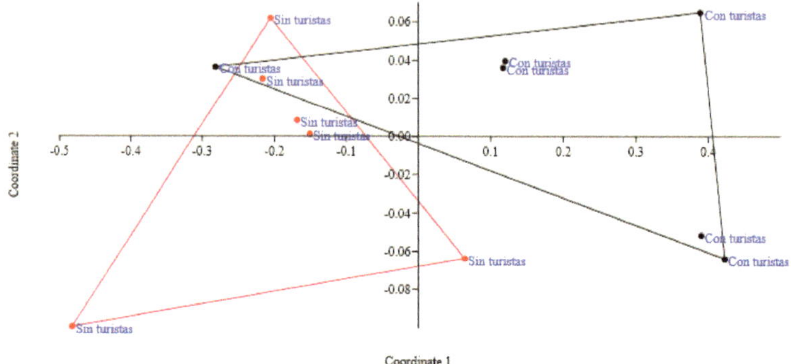

Figura 8. Análisis multidimensional no Métrico o nMDS para ambos periodos.

Con la finalidad de observar mejor los grupos menos abundantes, se grafican si la presencia de los Nemátodos, se observa que a pesar que la abundancia es igual, y la diversidad es igual, la estructura de la población es diferente, porque salvo los Nemátodos y Poliquetos, que son el dominante y el abundante de la comunidad, hay una variación de la jerarquía de abundancia de los otros grupos, el tercer taxa en abundancia sería Isópodos en el período sin turistas y Ganthostomúlidos en el período con turistas. Por otro lado, el quinto taxa en abundancia es Amphipodo en período sin turista y Copépodos en período con turistas (Figura 11, Figura 12)

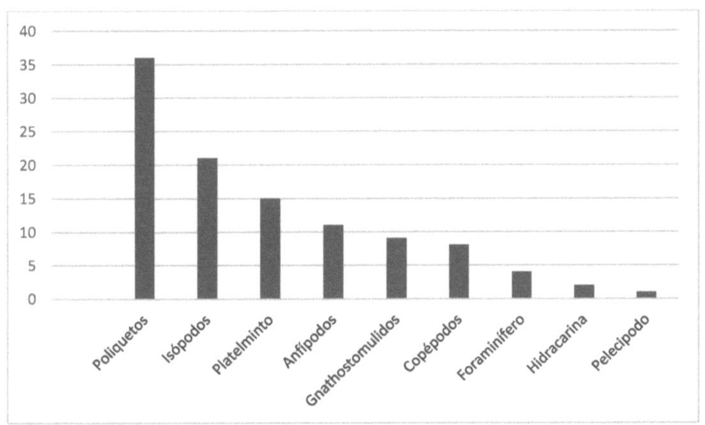

Figura 9. Jerarquía de los diferentes taxones los días en ausencia de turistas

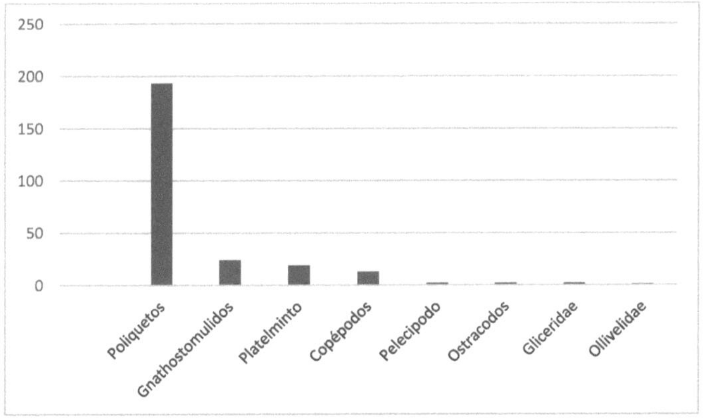

Figura 10. Jerarquía de los diferentes taxones los días en presencia de turistas.

INDICE BIOLÓGICO DE CONTAMINACIÓN NEMATODO VS. COPEPODOS

En el presente estudio, el índice Nemátodo: Copépodo produjo un valor de $I_{N:C} = 148,64$, esto indica que la localidad estudiada se caracteriza por un grado de contaminación alto.

Se calculó este índice en el periodo sin turistas $I_{N:C} = 140,87$ y con turistas $I_{N:C} = 164,85$.

Esto quiere decir que el número de nematodos aumenta en el período con turistas y por consiguiente la contaminación, sin embargo, la calidad ambiental de la playa no mejora con la ausencia de turismo, de acuerdo a este índice

DISCUSIÓN

A pesar que los Nemátodos son el grupo de mayor abundancia en el Meiobentos, esta puede significar que existe contaminación por coliformes fecales de acuerdo con una investigación realizada por Pinzón *et al.* (2019) en la cual demuestran que la abundancia de nematodos es relativamente proporcional a la cantidad de coliformes fecales. También Goti y de la Cruz (2017) describieron que los indicadores con un buen desempeño en la evaluación del nivel de contaminación de arenas de playas son los coliformes totales y *Escherichia coli,* además entre el meiobentos se ha determinado a los nematodos y otros componentes del meiobentos como indicadores de contaminación en playas turísticas, como gnathostomulidos, foraminíferos y oligoquetos (Pinzón *et al.* 2019, Alvarado & Goti 2019).

La plasticidad en el comportamiento alimentario, ya que pueden alimentarse de diferentes tipos de materiales, como: hongos, algas, algunos organismos que sean muy pequeños de tamaño, son carroñeros por lo que pueden llegar a alimentarse de material fecal y restos de otros animales e insectos, facilita su permanencia en ambientes contaminados. El hecho que a unos 500 metros de la costa recientemente se construyeron tinas en donde se almacenen los desechos fecales producidos por los diferentes complejos hoteleros en playa Venao y que principalmente en período lluvioso todo éste lixiviado se desplaza mediante cuatro desembocaduras y termina en la costa, lo que ocasiona un gran peligro que atenta contra la salud pública, ya que pueden causar enfermedades parasitarias producidas por ascariasis, anquilostomiasis, estrongiloidiasis, entre otras (Briceño, 2019). Semprucci (2015) corrobora ésta teoría en dónde sustenta que los efectos del impacto humano en los entornos costeros y la biota relativa pueden ser diferentes e incluso mayores que los derivados de las fluctuaciones naturales.

Se calculó el índice Nematodo/Copépodo que es un índice simple descrito por Raffaeli & Mason (1981), que se basa en la observación general de que la mayor robustez de los nematodos comparada con la de los copépodos harpacticoides, los cuales darían una mayor resistencia en aquellos ambientes donde los gradientes de contaminación son superiores.

Existe controversia sobre la utilidad de la relación nematodo-copépodo como método para evaluar los efectos de la contaminación en las comunidades bentónicas, (Coull *et al.,* (1981) indican el peligro de reducir en un índice de dos grupos la utilidad bioindicadora del Meiobentos. En una prueba de esta relación a lo largo de un gradiente conocido de enriquecimiento orgánico en Oslofjord, el número de copépodos disminuyó y el número de nematodos aumentó a lo largo del gradiente de enriquecimiento orgánico creciente que da lugar a cambios en la proporción de estos grupos.

A pesar de lo expresado anteriormente, el índice es usado ampliamente para detectar contaminación (Moreno, 2008). Se sugiere que la proporción nematodo-copépodo es una adición aceptable a un conjunto de técnicas para la evaluación de los efectos del enriquecimiento orgánico en las comunidades bentónicas, pero requiere experiencia especial.

Se encontró una disminución en el número de taxones de la meiofauna a lo largo del gradiente de enriquecimiento orgánico y es similar al gradiente en la relación nematodo-copépodo. El hecho de que todos los índices muestren respuestas en Oslofjord puede simplemente reflejar el fuerte gradiente de enriquecimiento orgánico que existe; no debe interpretarse necesariamente que tales resultados se encontrarán en todas partes (Amjad & Gray, 1983).

Esto quiere decir que en éste estudio el número de nematodos aumenta en el período con turistas y por consiguiente la contaminación, sin embargo, la calidad ambiental de la playa no mejora con la ausencia de turismo, de acuerdo a este índice.

Las principales causas de perturbación en los sistemas costeros son los ríos que pueden ser fuentes importantes de nutrientes y contaminantes. Estos resultados se asemejan a varias investigaciones realizadas en playas en Colombia (Cortés-Useche & Mendoza, 2012 y León *et al.*, 2018) Ecuador (Suárez, 2015) y Panamá, específicamente en la provincia de Los Santos, en la playa Los Guayaberos (Mendieta, 2013, Berguido, 2014 y Cruz, 2014) y en la playa El Rompío (Guevara, 2013, Vargas, 2014 y Quintero, 2018).

Las actividades humanas tales como el pisoteo, son importantes agentes perturbadores de la meiofauna de playas. Las principales consecuencias son la disminución de la densidad y el cambio en la estructura taxonómica de la comunidad, mientras que las características físicas de la zona intermareal no parecen verse afectadas por esta acción. Algunos taxones parecen ser poco tolerantes al pisoteo, así como los anfípodos en especial los *Bathyporeia pelagica* resultan ser la especie más sensible a esta perturbación, pudiéndose considerar como un bioindicador de este tipo de impacto, según Martínez (2013), ésta podría ser la razón por la cual se encontraron pocos anfípodos durante el estudio.

Defeo & Gómes (2005) nos dicen que a mayor compactación de la arena, menor abundancia de macroinvertebrados en especial anfípodos, lo que nos confirma el motivo de que en este estudio se hayan encontrado menos organismos en los puntos dos, tres y cuatro en donde los turistas caminan con frecuencia y por ende compactan la arena.

Fanini *et al.* (2005) realizaron un estudio con el anfípodo *Talitrus saltator* en una playa privada y en otra con un campamento turístico y conducción de vehículos motorizados, en donde resultó que el anfípodo en la playa con turistas estaba ausente y una vez que la temporada de turistas bajaba volvían a colonizar la playa, mientras que en la playa privada siempre estaban presentes.

El tráfico de vehículos motorizados puede modificar sustancialmente el entorno físico de las playas arenosas ya que estos pueden corrugar la arena hasta una profundidad de 28 cm, lo que ocasiona una perturbación de la infauna invertebrada (Schlacher & Thompson, 2008). De esta manera también se corrobora los resultados obtenidos en este estudio en donde los organismos se encuentran distribuidos mayoritariamente hacia los extremos de la playa, es decir, hacia las estaciones uno y cinco, donde hay menor circulación de turistas.

Estas últimas presentan abundancia superior lo que parece indicar que existe una reacción antagónica por parte de los organismos en la zona comprendida por las estaciones dos, tres y cuatro, que son precisamente las que se encuentran frente a los complejos hoteleros de playa Venao, aunque el análisis de Kruskall Wallis estadísticamente demuestra que no existe diferencia significativa en cuanto a la abundancia en las cinco estaciones, es un dato que hay que tener muy en cuenta a la hora de evaluar el efecto antropogénico en las playa turísticas.

Al mismo tiempo éste estudio reveló que la mayor diversidad la presentó la estación cuatro, no obstante se realizó también el análisis SHE, que indica que la población está en equilibrio, esto confirma una vez más que las estaciones que se encuentran en los extremos son las estaciones que se ven menos afectadas por las actividades recreativas ya que se encuentran más alejadas de los complejos hoteleros. Lo que da a entender que las estaciones más afectadas por el efecto antropogénico son las estaciones dos, tres y cuatro. Para corroborar lo antes mencionado, en una investigación de De Leonardis *et al.* (2008) nos dice que las zonas que presentan mayor abundancia y diversidad son aquellas que se encuentran más alejadas de la infraestructura urbana.

Según Gheskier *et al.* (2005) las actividades relacionadas con el turismo afectan especialmente al meiobentos y a la nematofauna, las playas altamente turísticas se caracterizan por tener menor porcentaje de materia orgánica, menor densidad de organismos y menor diversidad. Ausencia de Insecta, Harpacticoida, Oligochaeta, etc un mayor estrés comunitario. Esto se relaciona con los resultados obtenidos en este estudio ya que se encontró una baja diversidad y una dominancia significativa de nematodos en período de presencia de turistas.

Se caracterizaron las actividades recreacionales y antropogénicas que generan mayor impacto sobre la meiofauna bentónica de las playas arenosas. Estas a su vez son las actividades de mayor impacto de acuerdo al orden jerárquico presentado anteriormente. Se determina que la actividad de caminatas por las orillas es la que causa mayor impacto ambiental con un 28,57 % seguida por los deportes acuáticos con 14,29 por ciento, la remoción de arena superficial, Voley playa y fútbol playa con un 4,76 por ciento (García, 2016).

Otro grupo interesante de analizar son los poliquetos, ya que constituyen entre el 35 y el 65 % de las especies macroscópicas marinos de fondos blandos. Los poliquetos son importantes modificadores del sustrato, regulan efectivamente el reclutamiento de otros organismos y junto con otros renuevan nutrientes y funcionan como verdaderos barrenderos de las playas ya que se alimentan de organismos muertos y detritus (Salazar-Vallejo & González-Vallejo, 1993). García (2016) demostró que a los poliquetos les conviene que existan turistas que caminen por la orilla o por la zona intermareal en marea baja, ya que éstos protegen a los poliquetos de sus principales depredadores que son las aves. Ésta podría ser una de las razones por la cual en este estudio se encontró una mayor abundancia de poliquetos los días con turistas.

La presencia humana puede no necesariamente causar un impacto negativo en la comunidad del bentos. Por otra parte, si las perturbaciones son puntuales y no son muy intensas, o el sistema presenta una alta resiliencia, se puede recuperar en los intervalos entre los eventos de disturbio. Además, la recuperación ocurre si el intervalo entre los disturbios es largo (Keough & Quinn, 1998).

La prueba U de Mann-Whitney reveló que no existe diferencia significativa entre los períodos en ausencia de turistas y en presencia de turistas. Sin embargo, el período con turistas supera en 1 165 organismos al período sin turistas esto genera mucha discusión dado que dichos resultados parecen dar a entender que el bentos marino está adaptado al impacto antropogénico. A su vez la curva de rarefacción indica que ambos periodos alcanzan la asíntota, esto quiere decir que se tuvo un buen muestreo de acuerdo al número de taxones identificados. Al mismo tiempo se observa un leve aumento de la diversidad en el periodo sin turistas con respecto al periodo en presencia de turistas de acuerdo a esta secuencia (Fig. 7)

Definitivamente hay un impacto de los turistas sobre el meiobentos debido a la remoción y compactación de la arena ocasionada por las caminatas en la arena, la conducción de vehículos motorizados, entre otras actividades recreativas que se desarrollan en la playa, lo que ocasiona un estrés y un efecto antagónico para varios organismos como por ejemplo: los anfípodos. Los desechos sólidos producidos por los diferentes complejos hoteleros ocasionan una dominancia de los nematodos a lo largo de toda la playa y una baja diversidad del meiobentos, lo cual concuerda con lo expresado por Moellmann & Navajas (2003).

CONCLUSIÓN

- Se recolectaron 3 608 organismos de un total de 13 taxones. Los grupos dominantes estuvieron representados por los Nematodos con 3 270 organismos capturados 90,63 %, seguidos por Poliquetos que representan 5,93 %) y los platelmintos con 1.00 % que en conjunto suman el 97,56 % de los especímenes colectados en todo el período de muestreo.

- La prueba de U de Mann-Whitney indicó que durante el tiempo de muestreo de este estudio no se observaron variaciones en la abundancia de los organismos entre períodos. La prueba de Hutcheson indicó que no hay diferencia con respecto a los índices de diversidad entre ambos periodos. Sin embargo, la curva de rarefacción, la rutina ANOSIM y el análisis multidimensional no métrico indican que si hay diferencias entre períodos.

- La estructura de la población difiere entre períodos, lo que confirma que a pesar que la abundancia no se modifica, la composición de taxa si lo hace como efecto de la presencia humana.

Referencias

Alvarado, E., & Goti, I. (2019). Foraminíferos de concha suave de la zona intermareal de playas arenosas del sureste de Azuero, Panamá. *Visión Antataura*, *3*(1): 4-38.

Amjad, S. & J.S. Gray. 1983. Use of the nematode-copepod ratio as index of organic pollution. Marine Pollution Bulletin14: 78-181.

Barrios, N. (2019). Causas y efectos de la contaminación de las playas. *Alianza El*

Heraldo - Universidad de la Costa. Recuperado de:
https://www.cuc.edu.co/noticias/67-   generales/4403-causas-y-efectos-de-la-contaminacion-de-las-playas

Berguido, J. (2014). Distribución del meiobentos en zonas meso e infra litoral de la playa Los Guayabero en Los Santos, Panamá, a diferentes distancias del espigón. Tesis de licenciatura en biología marina y limnología, Centro Regional Universitario de Veraguas, Panamá.

Briceño, G. (2019). Nematodos. Euston96.com. Alimentación de los nematodos. Recuperado de:https://www.euston96.com/nematodos/#:~:text=Los%20nem%C3%A1todos%20pueden%20alimentarse%20de,de%20otros%20animales%20e%20insectos.

Carrasco, D. (2004). Organismos del bentos marino sublitoral: algunos aspectos sobre abundancia y distribución, 34. Capítulo 15. En Werlinger, C., Alveal, K. & Romo, H. (eds.). Biología Marina y oceanografía: concepetos y procesos. Consejo Nacional del libro y la lectura, Chile, 313-346.

Clarke, K.R. (1993). Non-parametric multivariate analyses of changes in community structure. Australian J. Ecol. 18:117-143.

Coull, B., Hicks, G. R., & Wells, J. B. (1981). Nematode/copepod ratios for monitoring pollution: A rebuttal. Marine Pollution Bulletin, 12(11), 378–381.

Cortés-Useche, C & Mendoza, J. (2012). Estructura de la comunidad macrobentónica en cuatro playas arenosas del parque nacional cultural Corales del Rosario y San Bernardo (caribe colombiano) sometidas a diferentes niveles de uso. Rev. Intropica, 7:121-127.

Cruz, R. (2014). Composición, distribución y abundancia de la meiofauna bentónica sometida a procesos de erosión en la playa arenosa Los Guayaberos, provincia de Los Santos. Tesis de Licenciatura en Biología. Universidad de Panamá, Panamá.

De Leonardis, C., Montemorra, A., D'addabbo, R., y Sandulli, R. (2008). Meiobenthos and nematode communities in the Venice lagoon. Biol. Mar. Mediterr. 15(1):264-265

Defeo O., McLachlan, A., 2005. Patterns, processes and regulatory mechanisms in sandy beaches macrofauna: a multi-scale analysis. Mar. Ecol. Prog. Series 295:1-20.

Defeo, O & Gomes, J. (2005). Morphodynamics and hábitat safety in sandy beaches: lie-history adaptations in a supralittoral apmphipod. Mar. Ecol. Prog. Series 293: 143-153.

Fanini, L., Cantarino, C. M., & Scapini, F. (2005). Relationships between the dynamics of two Talitrus saltator populations and the impacts of activities linked to tourism. Oceanologia, *7*(1):93-112.

García, A. (2016). Impacto del uso recreativo sobre la fauna macrobentónica en playas arenosas en la ciudad de bahía de Caráquez, Manabí. Tesis de Maestría. Universidad Nacional Agraria La Molina.

Gheskiere, T., Vincx, M., Weslawski, JM, Scapini, F. y Degraer, S. (2005). Meiofauna as descriptor of tourism-induced changes at sandy beaches. Marine Environmental Research. 60(2):245-265

Goti, I., & de La Cruz, A. (2017). Contaminación de playas arenosas, indicadores fecales frecuentes. Visión Antataura, 2(1):97-98.

Guevara, M. (2013). Abundancia de Meiobentos en la playa El Rompío (Los Santos) bajo procesos de acreción de agosto de 2012 a febrero de 2013. Tesis de Licenciatura en Biología. Universidad de Panamá, Panamá.

Keough, M. & Quinn, G. (1998). Effects of periodic disturbances from trampling or rocky intertidial algal beds. Ecological Applications, 8(1):141-161.

Klein, Y.L., Osleeb, J.P., Viola, M.R., 2004. Tourism-generated earnings in the coastal zone: a regional analysis. J. Coast. Res. 20(4):1080–1088.

León, M. V., Lagos, A. M., & Quiroga, S. Y. (2018). Spatial and temporal distribution of benthic meiofauna in the intertidal zone of Santa Marta, Colombia. In *2018 Ocean Sciences Meeting*. AGU. 11-16 february, Portland, Oregon.

Margalef, R. (1983). Limnologa. Omega, Barcelona. 1010 p

Martínez, A., M. Domenico, K. Jörger, J. Norenburg & K. Worsaae (2013). Description of three new species of Protodrilus (Annelida, Protodrilidae) from Central America, Marine Biology Research, 9(7):676-691.

Mendieta, J. (2013). Diversidad de Meiobentos en la playa arenosa los Guayaberos – Santa Ana (Los Santos). Tesis de Licenciatura en Biología. Universidad de Panamá, Panamá.

Moellmann, M & Navajas, T. (2003). Does tourist flow affect the meiofauna of sandy beaches? Preliminary results. J. Coast. Res. 35:590-598.

Moreno, M., Vezzulli, L., Marín, V., Laconi, P., Albertelli, G. & Fabiano, M. 2008. The use of meiofauna divrsity as an indicator of pollution in harbours. ICES Journal of Marine Science, 65: 1428–1435.

Pinzón, A. Y., Trejos, M. M., Carrera, M., Carrera, M., Frías, E. A. & Goti, I. (2019). Meiobentos como indicador alternativo de contaminación de playas. Revista de Iniciación Científica, 5:65-69.

Quintero, C. (2018). Composición, abundancia y variación temporal de las comunidades del meiobentos en la playa El Rompío en Los Santos, Panamá, septiembre 2013 a febrero 2014. Tesis de Licenciatura en Biología Universidad de Panamá, Panamá

Raffaelli, D. & C.F. Mason. 1981. Pollution monitoring with meiofauna using the ratio of nematodes to copepods. Mar. Poll. Bull.,12:158-163.

Salazar-Vallejo, S. & N.E. González-Vallejo. (1993). Panorama y fundamentos para un programa nacional. En Salazar-Vallejo, S. & González-Vallejo, N. (Eds.) Biodiversidad marina y costera de México. Comisión Nacional Para el Conocimiento y Aprovechamiento de la Biodiversidad. 6-38.

Schlacher, TA y Thompson, LM (2008). Physical impacts caused by off-road vehicles (ORVs) to sandy beaches_ spatial quantification of car tracks on an Australian barrier island. J. Coast. Res., 24:234-242.

Semprucci, F, Frontalini, F., Sbrocca, C., Du Châtelet, EA, Bout-Roumazeilles, V., Coccioni, R. y Balsamo, M. (2015). Meiobenthos and free-living nematodes as tools for biomonitoring environments affected by riverine impact. Environ. Monit. Assess., 187(251)3-9.

Stead, R., A. Schmidt, S. Pereda, M. Anzieta, G. Asencio & E. Clasing. (2011). Relación de la comunidad de meiofauna y bioquímica del sedimento en canales norpatagónicos. Cienc. Tecnol. Mar, 34:49-66.

Suárez de Vivero, J. L. (1999). Delimitación y definición del espacio litoral. Jornadas sobre el litoral de Almería: caracterización, ordenación y gestión de un espacio geográfico celebradas en Almería, 20 a 24 de Mayo de 1997. Pág: 13-23.

Vargas, J. 1987. The benthic community of an intertidal mud flat in the Gulf Nicoya, Costa Rica. Description on of the community. Rev. Biol. Trop. 35(2):229-316.

Vargas, R. (2014). Variación espacio-temporal de la composición del meiobentos en la playa El Rompío, Provincia de los Santos. Tesis de Licenciatura en Biología. Universidad de Panamá, Panamá.

Veiga, P. (2008). La meiofauna intermareal de sustratos blandos en la ria de O Barqueiro. Tesis de doctorado en biología, Universidad de Santiago de Compostela, Lugo.

Yánez Suárez, A. (2015). Composición, estructura y biomasa de la meiofauna intermareal de San Pedro de Manglaralto. Tesis de grado en biología. Escuela superior politécnica del litoral. Ecuador.

Zapperi, G. (2015). Estructura y funciones ecológicas de las comunidades bentónicas en planicies de marea de la zona interna del estuario de bahía blanca. Tesis de Doctorado en Biología. Universidad Nacional del Sur. Argentina.

Anexo

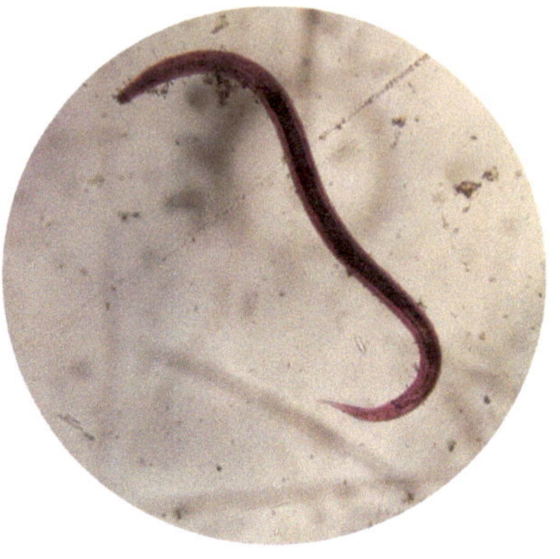

Figura 11. Nematodo

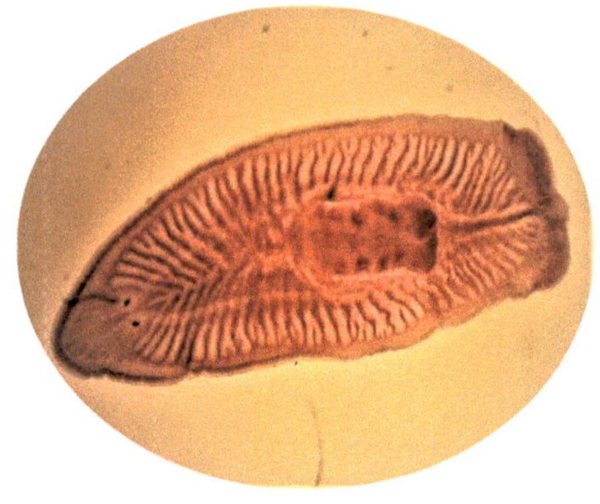

Figura 12. Platelminto

Figura 13. Anfípodos

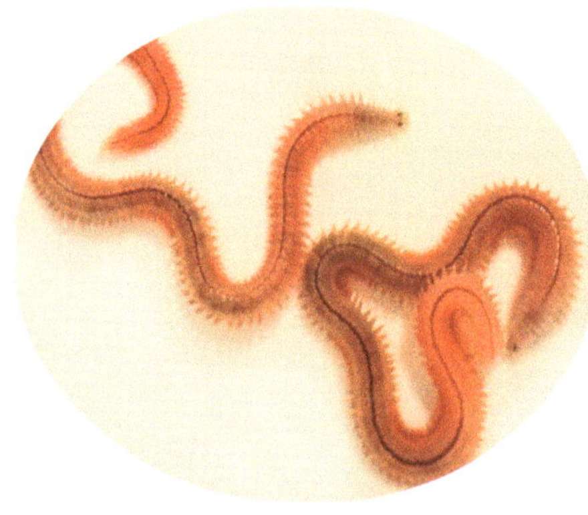

Figura 14. Poliquetos

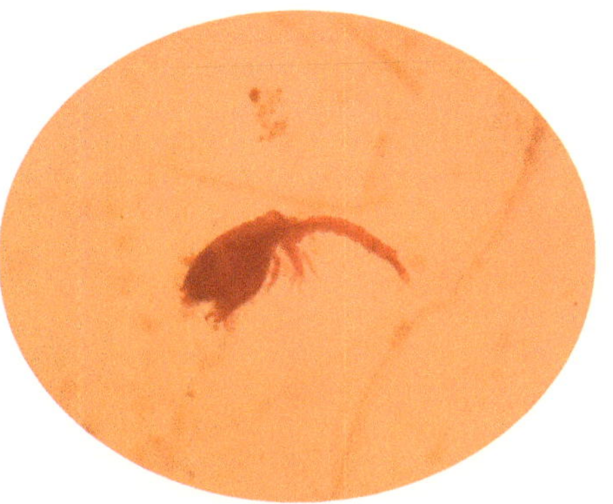

Figura 15. Copépodo

Figura 16. Foraminífero

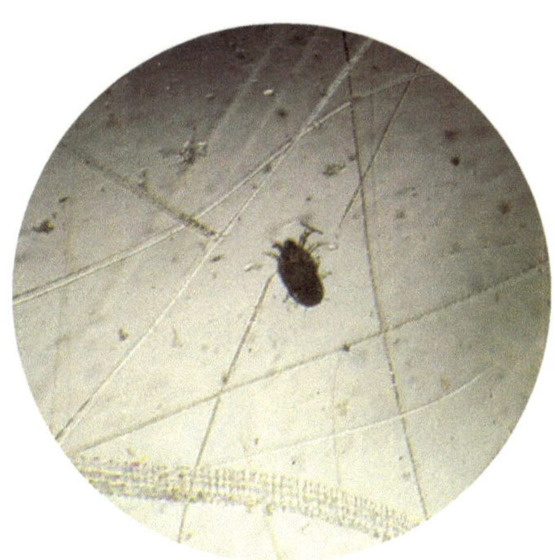

Figura 17. Hidracarina

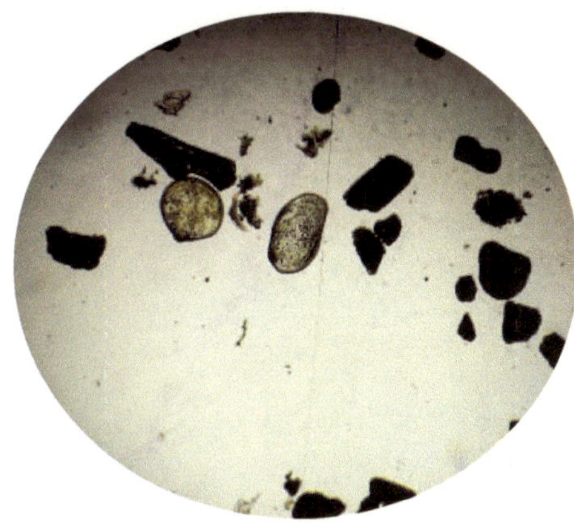

Figura 18. A la izuierda: Pelecipodo y a la derecha: Ostracodo.

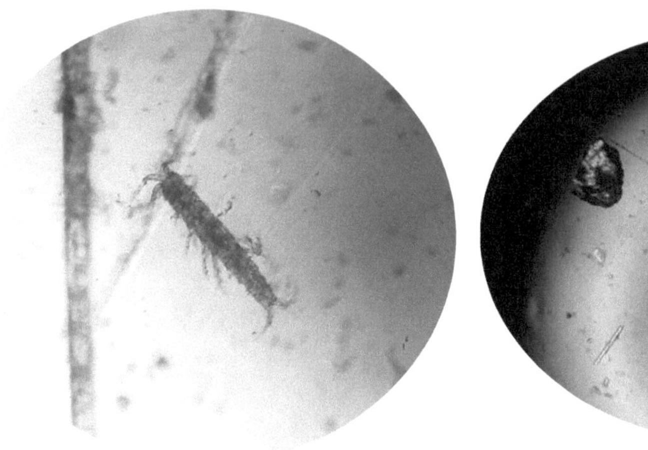

Figura 19. Isópodo

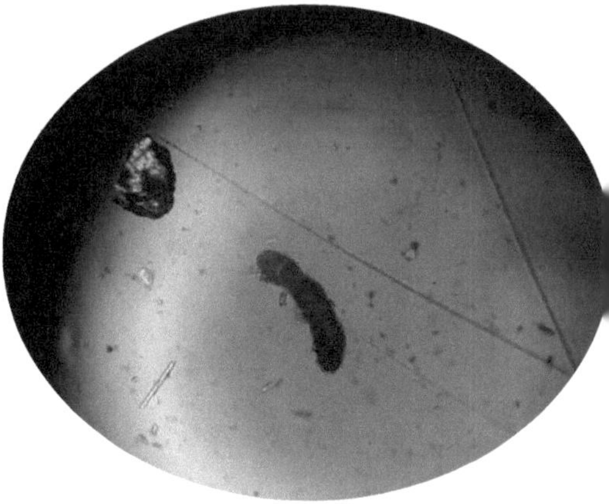

Figura 20. Gnatthostomulidos

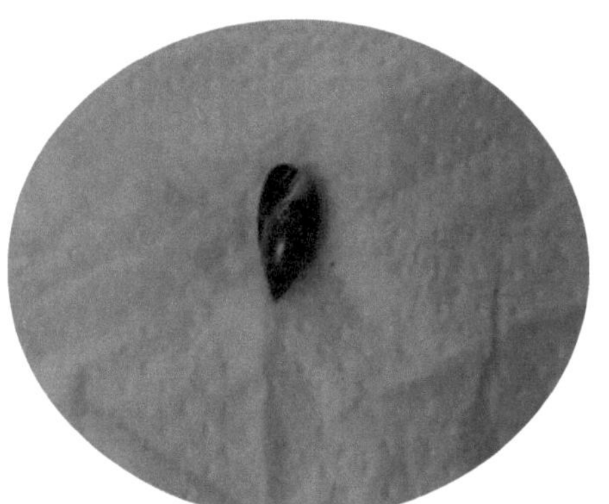

Figura 21. Ollivelidae

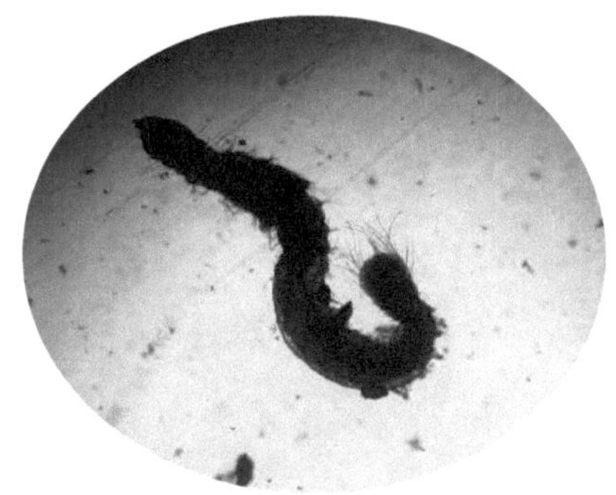

Figura 22. Gliceridae